BEI GRIN MACHT SICH IHR WISSEN BEZAHLT

- Wir veröffentlichen Ihre Hausarbeit,
  Bachelor- und Masterarbeit

- Ihr eigenes eBook und Buch -
  weltweit in allen wichtigen Shops

- Verdienen Sie an jedem Verkauf

Jetzt bei www.GRIN.com hochladen und kostenlos publizieren

Ingo Schuch

Entwicklung des ökologischen Landbaus in Deutschland

GRIN Verlag

Bibliografische Information der Deutschen Nationalbibliothek:

Die Deutsche Bibliothek verzeichnet diese Publikation in der Deutschen National-
bibliografie; detaillierte bibliografische Daten sind im Internet über http://dnb.d-
nb.de/ abrufbar.

Impressum:

Copyright © 2006 GRIN Verlag GmbH
Druck und Bindung: Books on Demand GmbH, Norderstedt Germany
ISBN: 978-3-640-26000-3

Dieses Buch bei GRIN:

http://www.grin.com/de/e-book/121728/entwicklung-des-oekologischen-landbaus-
in-deutschland

GRIN - Your knowledge has value

Der GRIN Verlag publiziert seit 1998 wissenschaftliche Arbeiten von Studenten, Hochschullehrern und anderen Akademikern als eBook und gedrucktes Buch. Die Verlagswebsite www.grin.com ist die ideale Plattform zur Veröffentlichung von Hausarbeiten, Abschlussarbeiten, wissenschaftlichen Aufsätzen, Dissertationen und Fachbüchern.

Besuchen Sie uns im Internet:

http://www.grin.com/

http://www.facebook.com/grincom

http://www.twitter.com/grin_com

HUMBOLDT-UNIVERSITÄT ZU BERLIN
Landwirtschaftlich-Gärtnerische Fakultät

„Entwicklung des ökologischen Landbaus in Deutschland"

Referat im Studiengang: Gartenbauwissenschaften
Pflichtmodul: Spezieller Obstbau III

Referent: Ingo Schuch

Institut für Gartenbauwissenschaften
Fachgebiet Obstbau

Berlin, Januar 2006

Inhaltsverzeichnis

1 Was ist ökologischer Landbau?

Der Hauptgedanke des ökologischen Landbaus ist das Wirtschaften im Einklang mit der Natur. Der landwirtschaftliche Betrieb wird dabei vor allem als Organismus mit den Bestandteilen Mensch, Tier, Pflanze und Boden betrachtet. Die ökologischen Landbaumethoden wollen stärker als andere Anbaumethoden:

> einen möglichst geschlossenen betrieblichen Nährstoffkreislauf erreichen,
> die Bodenfruchtbarkeit nachhaltig sichern und
> Tiere artgemäß halten.

Folgende Maßnahmen stehen dabei im Vordergrund:

> kein Pflanzenschutz mit chemisch-synthetischen Mitteln, Anbau wenig anfälliger Sorten, Einsatz von Nützlingen, mechanische Unkrautbekämpfung;
> keine Verwendung leicht löslicher mineralischer Düngemittel, Ausbringen von organisch gebundenem Stickstoff, Gründüngung durch Stickstoff sammelnde Pflanzen, Einsatz langsam wirkender natürlicher Düngemittel;
> Pflege der Bodenfruchtbarkeit durch ausgeprägte Humuswirtschaft;
> abwechslungsreiche Fruchtfolgen mit vielen Fruchtfolgegliedern und Zwischenfrüchten;
> keine Verwendung von chemisch-synthetischen Wachstumsregulatoren oder Hormonen;
> begrenzter, streng an die Fläche gebundener Viehbesatz;
> Fütterung der Tiere möglichst mit hofeigenem Futter, wenig Zukauf von Futtermitteln;
> weitgehender Verzicht auf Antibiotika.

Ökologischer Landbau ist besonders auf Nachhaltigkeit ausgelegt. Er erhält und schont die natürlichen Ressourcen in besonderem Maße und hat vielfältige positive Auswirkungen auf die Umwelt. (Bundesministerium für Verbraucherschutz, Ernährung und Landwirtschaft, 2005)

Der ökologische Landbau ist eine ganzheitliche, moderne Form der Landbewirtschaftung. Das Interesse an ihm nimmt stetig zu. Zum einen wirkt er sich positiv auf Boden, Wasser und Klima aus, zum anderen stellt er ein wichtiges alternatives Konzept für die Agrarpolitik dar. Das gilt besonders hinsichtlich gentechnisch veränderter Organismen, die oder deren Erzeugnisse in der konventionellen Nahrungsmittelproduktion zunehmend Verwendung finden, im Ökolandbau aber nicht eingesetzt werden. Die Verbände des ökologischen Landbaus lehnen diese Technik konsequent ab, weil sie mit bisher nicht einschätzbaren Risiken für Pflanzen, Tiere, Menschen und Umwelt verbunden sind. Sie passt nicht zur ganzheitlichen Sichtweise des ökologischen Landbaus. Eine Agrarwirtschaft und -politik, in der versucht wird sich immer weiter von der Natur unabhängig zu machen, (z. B. durch Gentechnik und Food Design) kann unser Leben und Überleben auf Dauer nicht sichern. Die ökologische Agrarkultur ist hingegen um eine nachhaltige, möglichst umweltgerechte Erzeugung von gesunden Lebensmitteln bemüht und ist damit zukunftsorientiert. (Willer et al., 2002)

2 Entwicklung des ökologischen Landbaus

Der ökologische Landbau ist keine Modeerscheinung. Bereits 1924 wurde die biologisch-dynamische Wirtschaftsweise eingeführt. Aber auch andere Formen des ökologischen Anbaus, wie der organisch-biologische oder der „Natürliche Landbau", haben eine lange Tradition.

2.1 Lebensreform und „Natürlicher Landbau"

Der Beginn der Entwicklung des ökologischen Landbaus kann bereits auf die Lebensreform-Bewegung zum Ende des 19. Jahrhunderts zurückgeführt werden. Diese wandte sich gegen Urbanisierung und Industrialisierung in der modernen Welt. Ziel war die Rückkehr zu einer naturgemäßen Lebensweise, die folgende Aspekte umfasste:

> ➤ Vegetarismus und Ernährungsreform;
> ➤ Naturheilkunde und Körperkultur;
> ➤ Siedlung, Schrebergärten und Gartenstädte;
> ➤ sowie Tier-, Natur- und Heimatschutz.

Ein Teil der Lebensreform-Bewegung verwirklichte die naturgemäße Lebensweise durch Siedlung im ländlichen Raum und Aufbau einer gärtnerischen Existenz mit Schwerpunkt Obst- und Gartenbau. Neben Selbstversorgung mit vegetarischen Nahrungsmitteln und körperlicher Arbeit in der freien Natur stand die Erzeugung hochwertiger Nahrungsmittel im Vordergrund. Bedenken hinsichtlich minderwertiger Nahrungsmittelqualität und möglicher Gesundheits-gefährdung begründeten den Verzicht auf den Einsatz stickstoffhaltiger Mineraldünger sowie schwermetallhaltiger Pflanzenschutzmittel. (Vogt, 2000)
Aus der heutigen Betrachtung heraus waren diese Bedenken für die damalige Zeit sehr fortschrittlich. Nach Siebeneicher et al. (2002, S. 24-25 ff.) „wurde damals der Boden

weitgehend als ein Substrat angesehen, in das man die Nährstoffe nur einzufüllen brauchte. Der Pflanzenschutz konzentrierte sich fast vollständig auf die Schädlingsbekämpfung. Man ging mit geradezu abenteuerlichen Mitteln vor, so zum Beispiel Bleiarsenat und Quecksilberverbindungen, obwohl längst jeder Abiturient wusste, dass chemische Elemente, in die Biosphäre gebracht, daraus nicht mehr zu entfernen sein werden, besonders auch nicht aus den Böden, es sei denn über die Nahrungsmittel oder über das Trinkwasser. Das Bewusstsein konzentrierte sich ganz auf das Wirken mit Stoffen, und irgendwelche anderen Faktoren wurden aus dem Bewusstsein mehr oder weniger verdrängt."

Aus dem fortschrittlichen Gedankengut der Lebensreform-Bewegung entwickelte sich in den 20er und 30er Jahren ein erstes ökologisches Landbausystem: der "Natürliche Landbau".

2.2 Der biologisch-dynamische Landbau

Neben dem „Natürlichen Landbau" entstand in den 20er Jahren ein zweites ökologisches Anbausystem. Die biologisch-dynamische Agrarkultur wurde 1924 von Dr. Rudolf Steiner begründet. Er hielt acht Vorträge zum Thema "Geisteswissenschaftliche Grundlagen zum Gedeihen der Landwirtschaft". Diese Grundlagen gehen aus einer erweiterten Natur- und Menschenerkenntnis (der von Steiner begründeten Anthroposophie) hervor. Seine Forschungsergebnisse beruhen auf geisteswissenschaftlichen Erkenntnissen und nicht allein auf denen der Naturwissenschaft. Der landwirtschaftliche Betrieb wird dabei als eine lebendige Individualität, als eine Art Organismus angesehen, der auch nichtmateriellen Einwirkungen unterliegt, die es zu beachten gilt. Solche Einflüsse, verstanden als dynamische Wirkungen oder Kräfte, gehen zum Beispiel von den biologisch-dynamischen Präparaten aus oder werden durch sie verstärkt. Diese Präparate sind spezielle Zubereitungen, beispielsweise aus Heilkräutern und Quarz, die in kleinsten Mengen im Dünger, auf dem Boden oder im wachsenden Pflanzenbestand eingesetzt werden. Sie fördern das Bodenleben und unterstützen die innere Qualität der Pflanzen. Im Jahre 1927 kam dann der Name „DEMETER" für die Kennzeichnung der biologisch-dynamischen Produkte hinzu, entnommen aus der alt-griechischen Mythologie. (Siebeneicher et al., 2002; Ökologie & Landbau Nr. 3/1999)

2.3 Der organisch-biologische Landbau

Die beginnende Industrialisierung der Landwirtschaft in der ersten Hälfte des 20. Jahrhunderts führte zu einschneidenden Veränderungen der bäuerlichen Lebensweise und der landwirtschaftlichen Produktion. Mechanisierung und Motorisierung sowie die Anwendung von

Mineraldüngern und Pestiziden veränderten den Charakter der bäuerlichen Landwirtschaft. Spätestens seit Ende der 40er Jahre zeichnete sich ab, dass traditionell-bäuerliche Formen der Landbewirtschaftung in ihrer Existenz bedroht waren. Entweder entstand durch die Übernahme des technischen Fortschrittes ein moderner, chemisch-technisch intensivierter Betrieb oder eine unrentable, traditionelle Landbauweise erzwang die Schließung des Betriebes. (Vogt, 2000)

In der Schweiz versuchte das Ehepaar Müller (Bauern-Heimatbewegung) seit den 30er Jahren, eine bäuerliche Lebensweise in der industrialisierten Welt vor deren Untergang zu bewahren. Indem sie zentrale Elemente der bäuerlichen Lebenswelt in einen neuen Zusammenhang, den ökologischen Landbau überführten, gelang es ihnen, eine bäuerliche Lebensweise in der modernen Welt zu erhalten und sogar weiterzuentwickeln. (Vogt, 2000)

In diesem Zusammenspiel von bäuerlicher Lebensweise und ökologischer Landbewirtschaftung entstand in den 50er Jahren der organisch-biologische Landbau als ein eigenständiges ökologisches Landbausystem.

2.4 Erste Ausdehnungsphase als Reaktion auf ökologische Probleme (1968 bis 1988)

Seit Ende der 60er Jahre traten vermehrt die negativen Folgen der industrialisierten Landwirtschaft hervor. Der 1971 in der Bundesrepublik gegründete Erzeugerverband BIOLAND wurde bis Ende der 80er Jahre nach Anbaufläche und Mitgliederzahl der stärkste Verband mit eigener Fachzeitschrift. Seit 1975 koordiniert die im Jahr 1962 gegründete Stiftung Ökologie & Landbau (SÖL) den Erkenntnis- und Erfahrungsaustausch. Sie verlegt eine Vielzahl von Publikationen über den ökologischen Landbau. Zunächst ging es insbesondere darum, der Agrarfachwelt zu zeigen, dass der ökologische Landbau mit Erfolg wirtschaften kann. Weitere Erzeugerverbände wurden seit den 80er Jahren gegründet. (Willer et al., 2002)

Auf Initiative der Stiftung Ökologie & Landbau hatten sich 1984 die inzwischen entstandenen Verbände in Deutschland Rahmenrichtlinien gegeben. Dazu gehörten der DEMETER-BUND, die ANOG (Arbeitsgemeinschaft für naturgemäßen Obst- und Gemüsebau), BIOLAND (Organisch-biologischer Landbau), BIOKREIS OSTBAYERN, ECOVIN (Bundesverband Ökologischer Weinbau) und NATURLAND. Aus dieser gemeinsamen Arbeit wurde 1988 die ArbeitsGemeinschaft Ökologischer Landbau (AGÖL), als Dachverband der deutschen Verbände, gegründet. Später kamen noch die Verbände ÖKOSIEGEL, GÄA und BIOPARK hinzu. Seit 1972 gibt es die IFOAM (Internationale Vereinigung ökologischer Landbaubewegungen). Sie spielt inzwischen eine wichtige Rolle für die Koordination der vielen ökologischen

Landbaugruppen. Bei der Festlegung der europäischen Richtlinien war es sehr wichtig, dass es IFOAM-Richtlinien gab. Sie dienten oft als fachliche Orientierung. (Siebeneicher et al., 2002)

2.5 Zweite Ausdehnungsphase (1988 bis 2000)

Insbesondere seit Ende der 80er Jahre hat im ökologischen Anbau ein Prozess der inneren Selbstorganisation, Strukturierung und Professionalisierung sowie der politischen Öffnung in Richtung auf etablierte landwirtschaftliche Institutionen eingesetzt. Am deutlichsten kommt dies im Aufbau eines eigenen Beratungsnetzes ("Ökoringe") zum Ausdruck. Der größte Erfolg der ökologischen Landwirtschaft in Sachen Institutionalisierung ist jedoch das Fußfassen in der Agrarwissenschaft und im landwirtschaftlichen Ausbildungssystem. Nachdem bereits 1981 der weltweit erste Lehrstuhl für „Methoden des alternativen Landbaus" an der Universität in Witzenhausen eingerichtet wurde, bot dieselbe Universität ab dem Wintersemester 1995/96 erstmalig einen neuen Diplomstudiengang „Ökologische Landwirtschaft" an.
(Oppermann, 2001; Ökologie & Landbau Nr. 3/1997)

In den 90er Jahren ist der Ökolandbau in der Gesellschaft wie auch in landwirtschaftlichen Kreisen endlich anerkannt. Die dafür notwendigen Veränderungen haben sich „in der öffentlichen Wahrnehmung und im Image des ökologischen Landbaus vollzogen. Noch vor wenigen Jahren fand der ökologische Landbau in der Öffentlichkeit entweder nur geringe Beachtung oder wurde als Irrweg „grüner Phantasien" diffamiert. Trotz der historisch relativ weit zurückreichenden Wurzeln umgab den ökologischen Landbau bis in die achtziger Jahre hinein eine esoterisch gefärbte, subkulturelle und politisch teilweise eher wertkonservative bzw. auch eher linksalternative Aura. Dazu trug im erheblichen Umfang die Ausgrenzung durch die Institutionen/Organisationen der traditionellen Landwirtschaft bei." (Oppermann, 2001, S.19 ff.)

In den folgenden Jahren konnte sich der ökologische Landbau in Deutschland schnell verbreiten. Maßgeblich daran beteiligt waren die staatliche Förderung seit 1989 im Rahmen des EG-Extensivierungsprogramms, seit 1994 die EG-Verordnung 2078/92 und seit 2000 die EG-Verordnung 1257/1999. Mit der EG-Verordnung zum ökologischen Landbau wurden die Begriffe „biologisch", „ökologisch" und „organisch" für landwirtschaftliche Produkte definiert, um so den Handel mit Bioprodukten zu regeln und Verbraucher vor unlauterem Wettbewerb zu schützen. Seit Inkrafttreten dieser Verordnung dürfen in keinem EG-Land mehr Produkte als „ökologisch" vermarktet werden, wenn sie nicht gemäß dem Standard der Verordnung erzeugt wurden. In Deutschland sind die sechzehn Bundesländer für die Einhaltung der EG-Verordnung zuständig. (Schmidt et al., 1996)

In den neuen Bundesländern hat sich die ökologisch bewirtschaftete Fläche nach der Wiedervereinigung 1990 rasch ausgeweitet. Dort war es besonders schwierig die Vermarktung aufzubauen, da man in der ehemaligen DDR Bio-Produkte gar nicht kannte. (Willer et al., 2002)

2.6 Dritte Ausdehnungsphase ab 2001 und aktuelle Statistik

Im Juni 2002 kam es zu einer wichtigen organisatorischen Veränderung beim Dachverband der ökologisch arbeitenden Landwirtschaft. Vorausgegangen waren im Jahr 2001 der Austritt von BIOLAND, DEMETER, BIOPARK und GÄA aus der ArbeitsGemeinschaft Ökologischer Landbau (AGÖL). Damit war der Branchenverband am Ende und legte seine Arbeit nieder. Nur wenige Wochen später schufen sich die ökologischen Anbauverbände ein neues Dach und gründeten den „Bund der ökologischen Lebensmittelwirtschaft" (BÖLW). Mit der Neugründung veränderten sich auch die Arbeitsschwerpunkte des Dachverbands. Während die AGÖL in erster Linie nach innen arbeitete, indem sie sich beispielsweise um die Etablierung von ökologischen Standards in der landwirtschaftlichen Produktion kümmerte, ist der BÖLW im stärkeren Maße agrarpolitisch tätig. Politische Gespräche mit Brüssel und Berlin zur Durchsetzung ökologischer Positionen standen nun im Vordergrund, um so die Entwicklung des ökologischen Landbaus weiter voranzubringen. (Roman, 2002)

Nach dem Bio-Boomjahr 2001, ausgelöst durch die BSE-Krise, zeigte sich die gesamtwirtschaftliche Lage 2002 für die Weiterentwicklung des ökologischen Landbaus weniger freundlich. Dennoch konnte die ökologisch bewirtschaftete Fläche ein weiteres Wachstum von 9,8 Prozent gegenüber dem Vorjahr aufweisen. Die Zahl der Bio-Betriebe stieg um 924, was einem Zuwachs von 6,3 Prozent entspricht. Auch im Jahr 2003 verzeichnete der Bio-Landbau in Deutschland mit 5,3 Prozent ein stabiles Wachstum bei den Flächen und Betrieben. Bis Ende 2004 wurden in Deutschland 767.891 Hektar landwirtschaftliche Fläche von 16.603 Betrieben nach den EU-Regelungen des ökologischen Landbaus bewirtschaftet. Damit erhöhte sich, bezogen auf das Vorjahr, die Zahl der Öko-Betriebe um 127 (+ 0,76 Prozent) und die nach den Regelungen der EG-Öko-Verordnung bewirtschaftete Fläche um 33.864 Hektar (+ 4,6 Prozent). Der Öko-Anteil an der Gesamtzahl der landwirtschaftlichen Betriebe lag im Jahr 2004 bei 3,9 Prozent, der an der Gesamtfläche bei 4,5 Prozent. Die Zahl der verbandsgebundenen

Erzeugerbetriebe sank um sieben Betriebe auf insgesamt 9.559 Betriebe. Die ökologisch genutzten Anbauflächen der verbandsgebundenen Bio-Betriebe nahmen um 10.826 Hektar auf insgesamt 526.269 Hektar zu. Damit hat die ökologisch bewirtschaftete Verbands-Fläche um 2,1 Prozent zugenommen.

Schwerpunkte der ökologischen Erzeugung in Deutschland liegen vorrangig in Baden-Württemberg, Bayern, Brandenburg und Mecklenburg-Vorpommern. Der größte Teil der ökologisch bewirtschafteten Fläche lag ursprünglich in Süddeutschland. Ab Mitte der 90er Jahre kamen große Flächenanteile in den neuen Bundesländern hinzu. In den einzelnen Bundesländern ist der Anteil der ökologisch bewirtschafteten Flächen und Betriebe unterschiedlich hoch. Das derzeit flächenstärkste "Bio-Bundesland" ist Bayern mit 1.132.044 Hektar, die von 4.708 Betrieben ökologisch bewirtschaftet werden. In Mecklenburg-Vorpommern ist der Anteil der Bio-Betriebe (590) an allen landwirtschaftlichen Betrieben mit 11,3 Prozent am höchsten. Die meisten Öko-Betriebe (4.852) befinden sich dagegen in Baden-Württemberg. Sie bewirtschaften eine Fläche von 86.416 Hektar. Den höchsten Bio-Anteil an der gesamten landwirtschaftlichen Nutzfläche kann Brandenburg aufweisen, dort werden 9,7 Prozent ökologisch bewirtschaftet. (Quelle: www.soel.de, 31.01.2006)

3 Ausblick

Seit Anfang 2001 war die Stärkung des ökologischen Landbaus ausdrückliches Ziel der deutschen Agrarpolitik. Der Öko-Landbau wird inzwischen mit Maßnahmen wie dem einheitlichen Bio-Siegel und dem Bundesprogramm Öko-Landbau unterstützt. Mit der von der ehemaligen Bundesverbraucherschutzministerin Renate Künast eingeleiteten Agrarwende hatte sich die Entwicklung des ökologischen Landbaus beschleunigt. Ihre Zielvorgabe lautete: „20 Prozent Öko-Landbau bis zum Jahr 2010". Bezogen auf die landwirtschaftliche Nutzfläche müssten im Jahr 2010 dementsprechend 3,4 Millionen Hektar ökologisch bewirtschaftet werden. Um dieses Ziel noch zu erreichen, müsste das jährliche Wachstum der Öko-Fläche in Deutschland bei ca. 28 Prozent (2004 waren es nur 4,6 Prozent) liegen. Die Gegenüberstellung der Zahlen verdeutlicht, wie „realistisch" die Erreichung der Zielvorgabe von 20 Prozent bis zum Jahr 2010 noch ist. Nachdem in den vergangenen drei Jahren die Zuwachsraten relativ gering waren, müssten in den nächsten Jahren die Bemühungen für eine Agrarwende deutlich intensiviert werden, um das ursprüngliche Ziel für 2010 noch zu erreichen. (Quelle: www.soel.de, 31.01.2006)

Ende 2005 kam es, durch die verlorene Bundestagswahl der Rot-Grünen Regierung, zum politischen Machtwechsel innerhalb Deutschlands. In der neuen Bundesregierung übernahm Horst Seehofer das Ministerium für Ernährung, Landwirtschaft und Verbraucherschutz. Nach Aussage der Berliner Zeitung habe Seehofer angekündigt, die bevorzugte Behandlung des ökologischen Landbaus zu beenden sowie den Anbau von genveränderten Pflanzen in Deutschland vorantreiben zu wollen. Der neue Agrarminister scheint somit von der unter Renate Künast eingeleiteten Agrarwende abrücken zu wollen.

Jörg Michel schrieb dazu in der Berliner Tageszeitung vom 16.12.2005:

„Manchmal zeigen sich die ersten Anzeichen einer neuen Politik fast unbemerkt. Als das Bundessortenamt in Hannover vor zwei Tagen drei Sorten Gen-Mais zuließ, nahm davon kaum jemand Notiz. Dabei ist die Entscheidung für die Verbraucher eine Zäsur: Erstmals ließ die Behörde, die Agrarminister Horst Seehofer (CSU) unterstellt ist, hier in Deutschland gentechnisch veränderte Pflanzen zum Anbau in der Landwirtschaft zu. Dagegen hatte Seehofers grüne Vorgängerin im Amt, Renate Künast, dem Gen-Mais der Firmen Monsanto und Pioneer die Erlaubnis jahrelang verbissen verweigert. Es wird nicht die einzige Änderung bleiben. Horst Seehofer hat sich vorgenommen, der Agrar- und Verbraucherpolitik eine neue Richtung zu geben. Er will künftig gentechnisch veränderte Pflanzen fördern, die von Künast betriebene Bevorzugung des ökologischen Landbaus beenden und das Verhältnis der Politik zu den Bauern wieder einvernehmlich gestalten." (Quelle: www.uni-hohenheim.de, 31.01.2006)

4. Quellenverzeichnis

a) Literatur:

Bundesministerium für Verbraucherschutz, Ernährung und Landwirtschaft (BMVEL) (Hrsg.) (2005): Informationsschrift - Ökologischer Landbau in Deutschland. Juli 2005, Berlin.

Lünzer, I. und Vogt, G. (1999): Schwerpunkt biologisch-dynamische Landwirtschaft. Zeitschrift Ökologie & Landbau Nr. 3, Heft 111, S. 7-16.

Mittelstraß, H. (1997): GhK – Jetzt Diplomstudiengang „Ökologische Landwirtschaft". Zeitschrift Ökologie & Landbau Nr. 3, Heft 103, S. 63.

Oppermann, R. (2001): Ökologischer Landbau am Scheideweg – Chancen und Restriktionen für eine ökologische Kehrtwende in der Agrarwirtschaft. ASG – Kleine Reihe Nr. 62, Agrarsoziale Gesellschaft e. V., Göttingen.

Roman, R. (2002): Nach der Auflösung die Fusion. taz Berlin lokal vom 17.08.2002, S. 20.

Schmidt, H. et al. (1996): EG-Verordnung „Ökologischer Landbau"; integrierte Fassung des Bundesministeriums für Ernährung, Landwirtschaft und Forsten, 3. erg. Aufl., SÖL-Sonderausgabe Nr. 45, Stiftung Ökologie & Landbau, Bad Dürkheim.

Siebeneicher, G. E. et al. (2002): Geschichte des ökologischen Landbaus. SÖL-Sonderausgabe Nr. 65, Stiftung Ökologie & Landbau, Bad Dürkheim.

Vogt, G. (2000): Entstehung und Entwicklung des ökologischen Landbaus im deutschsprachigen Raum. Ökologische Konzepte Bd. 99, Stiftung Ökologie & Landbau, Bad Dürkheim.

Willer, H. et al. (2002): Ökolandbau in Deutschland. SÖL-Sonderausgabe Nr. 80, Stiftung Ökologie & Landbau, Bad Dürkheim.

b) Internetseiten:

www.soel.de (Stiftung Ökologie & Landbau, 31.01.2006)

www.uni-hohenheim.de (Universität Hohenheim, 31.01.2006)